数理化
原来这么有趣

曾小平◎编著

数学 下册

航空工业出版社

Part 3
寻路代数王国

　　古代算术积累了大量关于各种数量问题的解法，一种在这些解法的基础上发展而来的，更系统、更方便的解法就应运而生了，也就是以解方程的原理为中心问题的初等代数。代数是由算术演变而来的。但是代数学这门学科是在什么年代出现的，又是以什么为开端的，就很难说得清楚了。比如，如果你认为"代数学"是指解"$bx+k=0$"这类用符号表示的方程的技巧，那么它就是在 16 世纪才发展起来的。

1858 年，苏格兰古董收藏家兰德在非洲的尼罗河边买进了一卷古埃及的纸草卷。他惊奇地发现，这个公元前 1600 年左右遗留下来的纸草卷中，有一些含有未知数的数学问题，当然都是用象形文字表示的。这就很明显地表明，古埃及人早在公元前 1700 年就已经在处理一些简单的代数问题。也就是说，从古埃及"法老"统治的时期开始，人们就一直在寻求这样一个相同的数学目标，即寻求一种方法，使得一个含有未知数的数学问题能够得到解决。

公元 825 年左右，阿拉伯数学家阿勒·花剌子模写了一本书《αι-Jαbrη-αιMυξαβαιαβ》，意思是"方程的科学"。他在这本小小的著作里所选的材料，都是数学中最容易和最有用处的，同时也是人们在处理日常事物中经常用到的。这本书的阿拉伯文版已经失传，12 世纪的一册拉丁文译本却流传至今。在这个译本中，把"αι-Jαbrη"译成拉丁语"algebra"，

李善兰

并作为一门学科。后来英语中也用"algebra"。

这就是代数在世界上的开端，而中国的代数学，则出现在清朝咸丰九年（1859年），是由数学家李善兰译成的"代数学"。

我们知道，代数最早的意义是"用字母代表数"，方程仅仅是"用字母代表数"的一项应用。在我国的义务教育阶段，代数是初中一年级的必开课，为了便于孩子们对"代数"的应用，有一个简单的理解，我们可以通过一首有趣的儿歌来加深认识：

一只青蛙一张嘴，

两只眼睛四条腿，

扑通一声跳下水。

……

两只青蛙两张嘴，

四只眼睛八条腿,

扑通扑通跳下水。

······

四只青蛙四张嘴,

八只眼睛十六条腿,

通通通通跳下水。

······

这首儿歌,如果仅从字面上来看,显然是比较罗嗦的。但如果我们用字母 a 表示青蛙的数目,就可以把它简化成:a 只青蛙 a 张嘴,2a 只眼睛 4a 条腿。这就是代数应用的好处所在。

代数学的产生可以上溯到公元前的年代。西方人将公元前 3 世纪古希腊数学家丢番图看作是代数学的鼻祖。但真正创立代数的则是古阿拉伯帝国时期的伟大数学家默罕默德·伊本·穆萨。

在我国,用文字来表达的代数问题出现得较早,如《九章算术》中就有方程问题。而 "代数" 作为数学专有名词在我国正式出现,最早是在公元 1859 年。那年,清代数学家李善兰和英国人韦列亚力共同翻译了英国人棣么甘所写的一本书,译本的名称就叫作《代数学》。

世界上最早的方程问题解决办法出现在中国，在宋代学者秦九韶的著作《数书九章》中，有详细的求解过程。《数书九章》在数学内容上有着比较多的创新，是对《九章算术》的继承和发展。它也代表着中国古代数学的高峰。那么，这本书是如何诞生的呢？

南宋淳祐四年至七年（1244—1247），秦九韶因母丧回湖州守孝，开始系统地整理他的数学研究。他的书稿完成后，并未刊刻出版。他的手稿几经辗转，几近失传。在此后的一百三十余年里，文人们无法彻底看懂他手稿的内容，故而也乏人问津。直到明永乐年间，学者解缙编《永乐大典》，发现了这部作品，将之收录入大典，并首次定名为《数学九章》。然而由于明代以科举为宗，故而这部书并未受到过多重视。明末学者王应遴喜欢抄书，他抄录此书时定名为《数书九章》；另一位影响深远的大藏书家赵琦美抄录此书时，也沿用了这个名称。清末郁松年等人辑录《宜稼堂丛书》，收录数学专著，首次将《数书九章》刊印出版，至此这部伟大的数学著作在诞生600年之后，才终于引起人们的重视。

《数书九章》全书总共有九章九类，分为十八卷，每类有9个算题共计81个。书中的语言大多是以"问曰""答曰""术曰""草曰"四部分组成。"问曰"，是从实际生活中提出数学问题；"答曰"，是从数学的角度给出答案；"术曰"，是阐述解题的数学原理与步骤；"草曰"，是给出详细的解题过程。另外，每类下还有颂词，词简意赅，用来记述本类算题主要内容、与国计民生的关系及其解题思路等。《数书九章》是我国数学史上的一颗明珠。

秦九韶对"大衍求一数"（整数论中的一次同余式解法）和"正负开方术"（数字高次方程的求正根法）等都有深入的研究。《数书九章》中给出的计算多项式函数值的方法，其依据是加法对乘法的分配律，把多项式的运算分解为一次因式的乘法和加法运算，后人称之为"秦九韶算法"。用这种算法计算一个 n 次多项式的值时，只需做 n 次加法和 n 次乘法，与其他计算方法相比，大大节省了计算乘法的次数，使计算量减少，明显加快了计算速度，而且这种算法还避免了对自变量单独做幂的计算，而是与系数一起逐次增长幂次，提高了计算的精度。不仅如此，在效率至上的现代，当使用计算机解决数学问题时，秦九韶算法可以让计算机以更快的速度，得到最后的结果，减少了CPU运算的时间，提高了工作的效率。

知识延伸

威廉·乔治·霍纳是19世纪英国数学家，他在自己的论文《解所有次方程》中提出了数字高次方程的求正根法，故而西方人将这种方程解法命名为"霍纳算法"。但是霍纳解决问题的方法晚于中国数学家600年，而且条理性也远远不足。日本数学家三上义夫在其著作《中日数学史》中曾写道："谁能否认，霍纳的辉煌方法，至少在早于欧洲600年之前，已经在中国运用了。"由此可见，在古代科技史上，我国是一直走在世界前列的。

被扔进大海的
数学家

　　古希腊数学家希帕索斯的学术发现与毕达哥拉斯学派的哲学相违背，遭到同门的排挤，他不得不远走他乡，在外地流亡。数年之后，他认为一切已经过去，加之思乡心切，他便乘上了一艘回家的船。不幸的是，他在地中海的一艘船上被毕达哥拉斯的弟子们发现了，他们将他捆起来扔进了大海，淹死了。究竟是什么发现，令毕达哥拉斯学派的弟子们如此仇视他？答案是无理数。

毕达哥拉斯认为，世界上只存在两种数：整数和分数，除此以外，没有别的什么数了。但毕达哥拉斯的得意弟子希帕索斯在解决图形问题的时候有了一个新发现：当一个正方形的边长是 1 的时候，对角线的长 m 等于多少？是整数呢，还是分数？毕达哥拉斯和弟子们竭尽心力，也未能搞明白 m 究竟是什么数。这也就意味着世界上除了整数和分数以外，还有别的数存在。这一发现动摇了毕达哥拉斯学派的基础，引起了极大的恐慌，他们决定保守这个秘密，并驱逐了希帕索斯，后来便发展为一宗谋杀案。

希帕索斯的发现，第一次向人们揭示了有理数系的缺陷，证明了它不能同连续的无限直线等同看待，有理数并没有布满数轴上的点，在数轴上存在着不能用有理数表示的"孔隙"。而这种"孔隙"经后人证明简直多得"不可胜数"。于是，古希腊人把有理数视为连续衔接的那种算术的设想彻底地破灭了。不可公度量的发现连同芝诺悖论一同被称为数学史上的第一次数学危机，对以后 2000 多年数学的发展产生了深远的影响，促使人们从依靠直觉、经验而转向依靠证明，推动了公理几何学和逻辑学的发展，并且孕育了微积分思想萌芽。

由无理数引发的数学危机一直延续到 19 世纪下半叶。1872 年，德国数学家戴德金从连续性的要求出发，用有理数的"分割"来定义无理数，并把实数理论建立在严格的科学基础上，从而结束了无理数被认为"无理"的时代，也结束了持续 2000 多年的数学史上的第一次大危机。

无理数是所有不是有理数的实数，后者是由整数的比率（或分数）构成的数字。当两个线段的长度比是无理数时，线段也被描述为不可比较的，这意味着它们不能"测量"，即没有长度（"度量"）。

常见的无理数有：圆周长与其直径的比值，欧拉数 e，黄金比例 ϕ 等。

可以看出，无理数在位置数字系统中表示（例如，以十进制数字或任何其他自然基础表示）不会终止，也不会重复，即不包含数字的子序列。例如，数字 π 的十进制表示从 3.141592653589793 开始，但没有有限数字的数字可以精确地表示 π，也不重复。必须终止或重复的有理数字的十进制扩展的证据不同于终止或重复的十进制扩展必须是有理数的证据，尽管基本而不冗长，但两种证明都需要一些工作。数学家通常不会把"终止或重复"作为有理数概念的定义。

知 识 延 伸

有理数是整数（正整数、0、负整数）和分数的统称，是整数和分数的集合。

正整数和正分数合称为正有理数，负整数和负分数合称为负理数。因而有理数集的数可分为正有理数、负有理数和零。由于任何一个整数或分数都可以化为十进制循环小数，反之，每一个十进制循环小数也能化为整数或分数，因此，有理数也可以定义为十进制循环数。

为什么 $1 \neq 2$

　　我们都知道，一个数学题的证明，要经过很严谨的步骤，证明的过程，必须依据  已知的、正确的定理、概念等，一步一步推出 最后的结果。如果中间稍有差错，哪怕是一个 符号的错误，最后证明出来的结果都会与正确 的结论千差万别。但是有一些很明显错误的命题，却能被证明是正确的，问题会出在哪呢？

　　有一个数学证明题是这样的：如果 $a=b$，且 a，b 大于 0，求证 1=2。这个命题很明显是不成立的，但是有人却说这个命题可以证明，这是为什么呢？

　　我们来看一下这个证明过程：

　　(1)a，b 大于 0（已知）；

　　(2)$a=b$（已知）；

　　(3)$ab=b$ 的平方（"="的两边同乘以 b）；

(4)$ab-a^2=b^2-a^2$（"="的两边同减去 a 的平方）；

(5)$a(b-a)=(b+a)(b-a)$（"="的两边同时分解因式）；

(6)$a=b+a$（"="的两边同时除以 $b-a$）；

(7)$a=a+a$（根据 $a=b$ 替换）；

(8)$a=2a$（同类项相加）；

(9)$1=2$, 得证（"="的两边同时除以 a）。

结果显然错误，但是证明过程看起来似乎也没有问题，那么，到底是怎么回事呢？

其实，仔细一点你就会发现，这里面错在第 (6) 步，整式两边同时除以 $b-a$ 是不能够实现的。因为已经知晓 $a=b$，那么 $b-a$ 就等于 0，而我们都知道，以 0 作为除数是没有意义的。所以，这一步是不成立的。上课的时候，老师总是一而再，再而三地强调，0 不能作为除数，这是为什么呢？我们可以这样来看，当被除数不为 0 而除数为 0 时的结果，我们可写成 $6\div0=x$，商 x 无论是什么数，与除数"0"相乘都得 0，而不会得 6，也就是说 $0\times x\neq6$，也不可能是任何不为 0 的数。在这里，我们就能看到一个独特的存在——0。

为什么说 0 是一个独特的存在呢？这是因为你不能单纯地说它是表示有，还是表示没有。它是最小的自然数，也是正负数之间唯一的中性数，任何数（0除外）的0次幂等于1……0的特性数都数不尽，可以说，"0"是人类历史上最伟大的发现之一。

大约1500年前，欧洲数学家们还不认识"0"这个数字符号。一位罗马学者在研究古印度的计数法时，从书籍中发现了"0"这个符号。而且他发现，加入了"0"的数学运算会变得非常方便。于是他非常高兴地把"0"这个符号向大家做了介绍。不久后，这件事被罗马教皇知道了。他认为神圣的数是上帝创造的，上帝创造的数里没有"0"这个怪物。使用"0"就是亵渎上帝。于是，凡是使用"0"这个数字的学者，都被抓了起来，被施以酷刑严惩。然而，这并不能挡住人们使用"0"这个数字的热情，最终在全世界获得应用。

知识延伸

阿拉伯数字作为一种简明、方便的计数符号，得到了人类的广泛使用，但它实际上并非阿拉伯人发明的，而是古印度人发明的。早在公元3世纪，印度人已经发明了自己的计数符号。公元500年左右，印度次大陆的旁遮普地区数学已非常发达。公元700年前后，阿拉伯人占领了旁遮普地区，从而学会了当地人的计数方法，并把它传播到了西班牙，后来被欧洲数学界接受。欧洲人以为这种记数符号是阿拉伯人发明的，便称其为"阿拉伯数字"。尽管当代人已经知晓阿拉伯数字是印度人发明的，但因为人们已经习惯了这种叫法，因此并未改变过来。

如果要你在墙上挂一幅画，你会根据什么来选择挂的位置？画的大小跟它挂的位置也应该是有着一定的关系的，画太大或太小，挂的位置太低或太高，我们都会觉得别扭、不协调。那么，挂在什么样的位置，才会让我们看起来很舒服呢？

这个问题涉及数学上的最美丽的比例——黄金分割比例。

黄金分割比例，是公元前 6 世纪古希腊数学家毕达哥拉斯发现的，后来古希腊美学家柏拉图将此称为黄金分割。这其实是一个数字的比例关系，即把一条线分为两部分，此时长段与短段之比恰恰等于整条线与长段之比，其数值比为 0.618 ：1 或 1 ：0.618，也就是说长段的平方等于全长与短段的乘积。而这个比值其实是一个无理数，具体的数值是 0.6180339……为了使用方便，人们常常取前 3 位数字的近似值 0.618，于是 0.618 就成为人们常用的黄金分割比例数值。

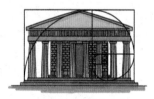

那为什么说这个比例是最美丽的比例呢？这是因为它简直就是一个奇迹。谁也说不清楚为什么，但按照这个比例设计出来的图形都很美丽。因此，黄金分割就被许多艺术家广泛应用于绘画、雕塑、音乐、建筑等领域。

建造于公元前 3000 年的胡夫大金字塔，和公元前 5 世纪的雅典巴特农神殿，这些让世人惊讶并着迷的建筑，就是建筑大师们巧妙利用黄金分割率创造出的伟大杰作。经过测量，人们惊奇地发现，胡夫大金字塔原高度与底部的边长比、巴特农神殿的正面高度与宽度的比，均是 1.6：1，比值就是 0.618。

黄金分割在美术上的运用同样也非常广泛，达·芬奇就是其中最善于应用黄金分割的画家之一。他最让人猜不透的《蒙娜丽莎的微笑》，就是将黄金分割成功地融入其中的效果，画中蒙娜丽莎秀丽的脸庞，是黄金分割的完美展现，无怪蒙娜丽莎让后世人们惊奇不已，研究不断。

那么，如何通过尺规画出一个黄金矩形呢，古希腊人提出了一套独特的方案。先作一个边长为 1 的正方形 ABCD，并连结一组对边的中点 E 与 F，把正方形左右均分，再以 F 为圆心，FD 为半径画圆弧，交 FC 延长线于 G 点，过 G 作垂线，交 ED 延长线于 H。一个黄金矩形就画出来了。

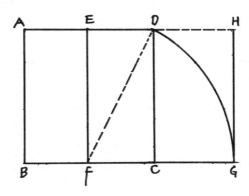

维特鲁威人是达·芬奇的一幅画稿，所画的是一个裸体的健壮中年男子，两臂平举略向上倾，两腿分开，以他的脚的末端和手指作为端点，外接一个圆形。同时，图中还叠加着另一个不同姿态的人体图案，男子双臂平伸，两脚基本上以并拢姿态站立，以他的头、脚、手指为端点，正好外接一个正方形。这幅画的名字取自古罗马杰出的建筑家维特鲁威，维特鲁威本人在自己的著作《建筑十书》中对黄金分割有着高度评价。

我们来看一下 8 这个数，它的真因子有 1、2、4，它们的和是 7，由于 8 本身比它真因子之和要大，这样的数就叫作盈数；再来看一下 12 这个数，它的真因子有 1、2、3、4、6，它们的和是 16。由于 12 本身比它真因子之和要小，这样的数就叫作亏数。那么，有没有恰恰等于它自己的所有真因子之和的数呢？有，那就是完全数。

完全数，叫作完美数或完备数，是一些特殊的自然数。它所有的真因子的和，恰好等于它本身。在完全数诞生后，一直吸引着众多数学家与业余爱好者，像淘金一样从众多的数字中去寻找。但是，笛卡儿 (R. Descartes) 曾公开预言："能找出的完全数是不会多的，好比人类一样，要找一个完全人，亦非易事。"然而，一直以来，完全数对众多的数学家仍是有着难以抵抗的吸引力，数学家们致力于寻找一个又一个的完全数。

数学家毕达哥拉斯

公元前 6 世纪的毕达哥拉斯，是最早研究完全数的人，在当时他已经知道 6 和 28 是完全数。公元 1 世纪，毕达哥拉斯学派成员尼克马修斯发现了随后的两个完全数，他在《数论》中说道："也许是这样，正如美的、卓绝的东西是罕有的，是容易计数的，而丑的、坏的东西却滋蔓不已，是以盈数和亏数非常之多，杂乱无章，它们的发现也毫无系统。但是完全数则易于计数，而且又顺理成章：因为在个位数里只有一个 6；十位数里也只有一个 28；第三个在百位数的深处，是 496；第四个却在千位数的尾巴上，接近10000，是 8128。它们具有一致的特性：尾数都是 6 或 8，而且永远是偶数。"

第五个完全数的寻求之路要艰难得多，直到 15 世纪才被人算出。这个数的数值要大得多，是 33550336 。寻找完全数的努力从来没有停止过。电子计算机问世后，人们因为这一有利的工具而更加热衷于探索。

时至今日，人们总共找到了 47 个完全数，在这些数字中，一直没有奇完全数的存在。于是是否存在奇完全数成为数论中的一大难题。根据当代数学家奥斯丁·欧尔证明，若有奇完全数，则其必须满足一系列的苛刻条件，而且数值巨大。

知识延伸

毕达哥拉斯曾说："6 象征着完满的婚姻以及健康和美丽，因为它的部分是完整的，并且其和等于自身。"不过，或许印度人和希伯来人早就知道 6 和 28 的特殊之处了。有些《圣经》注释家就注解 6 和 28 是上帝创造世界时所用的基本数字。他们认为，创造世界花了 6 天，28 天则是月亮绕地球一周的日数。

圣·奥古斯丁说："6 这个数本身就是完全的，并不因为上帝造物用了 6 天；事实恰恰相反，因为这个数是一个完全数，所以上帝在 6 天之内把一切事物都造好了。"

Part 4
图形的秘密

原始社会中，人类在生产和生活的时候，会认识到许多物体的形状、大小和相互之间的位置关系。例如，古代的人们认识了他们的猎物的形状、大小，并记住了它们的居住地与打猎地之间的距离，以及打猎地在居住地的哪个方位。

随着人类社会的不断发展，人们对物体的形状、大小和相互之间的位置关系的认识越来越丰富，逐渐地积累成几何的内容。

"几何学"这个词来自希腊文，最初的含义是"测量土地技术"。

相传在4000多年前埃及的尼罗河每年都会发生许多次洪水，总是会把两岸的土地淹没。水退之后，土地的界线就会变得不分明。当时埃及的劳动人民为了重新测出被洪水淹没的土地的地界，每年都要进行土地测量，于是积累了许多关于测量土地方面的知识，这就是几何学的初步知识。

后来，希腊人跟埃及人开始通商，希腊那些关于测量与绘画等的几何初步知识就传入了埃及。之后埃及人又在这些几何初步知识的基础上，逐步充实并完善，形成了一门完整的学科，也就是几何学。所以说"几何学"这个词，是来自于希腊文的，而且一直沿用到今天。

在我国古代，这门数学分科并不叫"几何"，而是叫做"形学"。"几何"两个字，在汉字里原先也并不是一个数学的专有名词，而是一个文学虚词，意思是"多少"。比如，三国时曹操那首著名的《短歌行》诗中的一句："对酒当歌，人生几何？"这里的"几何"就不是数学中的几何，而是表示"多少"的意思。把"几何"一词作为数学的专业名词来使用，用它来称呼这门数学分科的，是明末杰出的科学家徐光启。

另外，在中国最古老的数学典籍《周髀算经》和《九章算术》中，也记载了许多关于几何的问题，那时候的人们已经知道圆周率了，也给出了一些基本图形，如圆、正方形及角的定义。中国古代的几何知识是极为丰富的。

在古老的新石器时代，原始人就对图形有了研究。考古学家从地下、坟墓等地方发现的陶器、篮子、服饰等物品上，就可以充分地展示原始人对图案的敏锐观察力和创造力，这些东西在颜色、形状和结构上体现了几何的相似、对称等特性。另外，古代舞蹈的队形、祭祀的仪式，也呈现出种种丰富的图案，令人惊叹。

古埃及人为死去的法老建造的陵墓金字塔，是由一块块巨石砌成的。他们把很多块巨石精确切割成需要的形状和大小，然后运到工地，堆砌起来，成为雄伟的金字塔。石块之间对接紧密，呈现出了高超的几何水平，而且金字塔的构造本身就是一种几何的高度利用。

尼罗河水虽然定期泛滥，但也为两岸的农业耕作带来了肥沃的土壤。问题在于，每次河水泛滥都改变了原来的地貌，使地界模糊，沟渠消失，土地的主人们分不清那块是自己的土地。埃及人是如何解决这个问题的呢？埃及古王国为了解决这个问题，专门设置了土地登记官，对土地拥有者的土地进行明确记载。当泛滥的河水退去后，地主们就根据土地登记官记录的凭证，在河岸上重新划分自己的土地。但是由于河岸不规则，地块有高有低，所以他们发明了一套计算矩形、正方形、三角形、梯形、圆形和不规则图形的面积计算方法，正是因为这种工具性需求，他们的几何学非常发达。从某种意义上来说，古埃及人的几何学是河水泛滥的副产品。

法国著名数学家约瑟夫·傅里叶说："对自然界的深刻研究是数学发现的最丰富的来源。"不可否认，数学与自然界之间的联系是很丰富的。许多存在于不同数学领域的对象和形状出现在了自然界中。其中有一种几何图形是深受大自然宠爱的，那就是六边形。

六边形有什么特点让大自然对它青睐有加呢？

自然对象的形成和生长受到周围空间和材料的影响。正六边形是能够不重叠地铺满一个平面的三种正多边形之一。在这三种正多边形（正六边形、正方形和正三角形）中，六边形以最小量的材料占有最大面积。而且它有六条对称轴，也就是说不管经过怎样的旋转，它都可以保持形状。

正六边形的另一特点是每个内角都是 120°，这就形成了三重联结。简单来说，三重联结就是相交出的三个角都是 120°。它是某些自然事件所趋向的一个平衡点。这些原因就使得六边形成为备受大自然优待的数学图形。

在自然界中，六边形的出现真的是数不胜数。最为人所知道的恐怕就是蜂巢了。六边形的结构稳定，不易变形，所以蜂巢的构造以六边形为主；还有一个美丽的六边形就是雪花；此外还有许多的六边形存在于自然界中。

细心的话可以发现，肥皂泡挤在一起的时候会连接成六边形。这是为什么呢？我们把一些球互相挨着放入一个箱子中时，每一个被围的球与另外 6 个球相切。在这些球之间画出一些经过切点的线段时，外切于球的图形是一个正六边形。把这些球想象为肥皂泡，就可以理解为什么一群肥皂泡聚拢时会以三重联结的形式相接了。

不得不说，比起第一次在龟背上、在蜂窝里或者在晶体的形状中发现六边形的情形来说，在自然界中发现的一种新的存在形式更是令人兴奋——天文学家们看到了外层空间中的六边形。自 1987 年以来，天文学家们一直集中注意在大麦哲伦云上，超新星 1987A 就是在大麦哲伦云上观测到的。虽然在新星爆发之后看到气泡已经不是第一次了，但是气泡以蜂窝状聚集在一起则是第一次被观察到。这个进展让许多天文学家兴奋不已。

自然界有一种在它的创造物中达到平衡和微妙均势的方法。了解自然作品的钥匙是利用数学和科学。数学工具提供了我们用来试图了解、解释和再现自然现象的手段。一个发现引出下一个发现。下一个令我们惊奇的六边形的存在会是什么呢？只有时间会告诉我们。

　　多边形的边数是大于或者等于3的，而如果多边形的各边相等，各角也相等，这个多边形就叫作正多边形。

　　在正多边形中，只有3种能不留空隙地铺满一个平面：正三角形、正方形、正六边形。因为正三角形的每个内角都是60°，6个正三角形拼在一起时，在公共顶点上的6个角之和刚好是360°；正方形的每个内角都是90°，所以4个正方形拼在一起时，在公共顶点上4个角的和也刚好是360°；正六边形的每个内角是120°，3个正六边形拼在一起时，在公共顶点上的3个角之和也是360°。而别的正多边形，就无法达到公共顶点为360°这一要求。

33 完美图形和
组合数学问题

很多时候，我们形容一个人非常完美的时候，总会由衷地赞叹。追求完美是每个人的梦想，而完美却总是难以企及的。而有一种图形却受到了上天的偏爱，有着独特的魅力，堪称完美，你知道是什么样的图形吗？

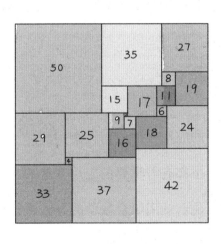

在数学上，有一种正方形叫作"完美正方形"。所谓"完美正方形"，是指用若干个互不相等的小正方形拼成的大正方形。也就是说，如果将一个完美正方形进行切割，可以切割出若干个边长不等且边长为整数的正方形。

在数学上，完美正方形问题称为"组合数学问题"，研究满足一定条件的组态（也称"组合模型"）的存在、计数以及构造等方面的问题。组合数学的主要内容有组合计数、组合设计、组合矩阵、组合优化等。

最早对完美正方形进行深入研究的 4 位大学生——塔特、斯东、史密斯和布鲁克斯，后来都成了组合数学和图论方面的专家。组合数学，不仅在基础数学研究中地位极其重要，在其他各个领域也都发挥着很重要的作用，如计算机科学、编码和密码学、物理、化学、生物等领域都有所涉及。

组合数学的发展奠定了本世纪的计算机革命的基础。计算机之所以可以被称为"电脑"，就是因为计算机被人编写了程序，而程序就是算法，在绝大多数情况下，计算机的算法是针对离散的对象，而不是在作数值计算。正是因为有了组合算法才使人感到，计算机好像是有思维的。赋予电脑思维，就是组合数学在计算机中最大的应用。

另外，它在软件技术中也是有很重要的应用价值的，在企业管理、交通规划、战争指挥和金融分析等领域，也都有着重要的应用。比如，在美国，有一家用组合数学命名的公司，他们就用组合数学的方法进行企业的管理，提高企业管理的效益。这家公司办得非常成功。

此外，在试验设计中，组合数学也有应用——试验设计的数学原理就是组合设计。用组合设计的方法，来解决工业界中的试验设计问题，是一个很值得研究的方向。美国已经有专门的公司在进行这方面的研究，开发这方面的应用软件。而在德国，一位著名的组合数学家利用组合数学方法研究药物结构，引起了制药业的关注，因为这种方法可以为制药公司节省一大笔费用。

完美正方形并不是一开始就为人们所知的，在1926年，苏联数学家鲁金提出了"完美正方形"的存在后，人们对它的寻找，就历经了一个艰难的时期。因为一直无法寻找到完美正方形的实例，曾一度有人怀疑是否真的有完美正方形的存在。

直到1938年，终于有人找到了一个由63个大小不同的正方形组成的大正方形，人们称为63阶的完美正方形。

第二年又有人找出了一个39阶的完美正方形。

1964年，滑铁卢大学的威尔逊博士找到了一个25阶的完美正方形。

1948年，威尔科克斯找出了一个24阶的完美正方形。在随后的30年中，人们将24奉为完美正方形的最小阶。

1978年，荷兰特温特技术大学的杜依维斯蒂尤，用大型电子计算机算出了一个21阶的完美正方形。因为鲁金曾证明，小于21阶的完美正方形是不存在的，所以这个21阶的完美正方形称为完美正方形的终极目标，无法超越。

公元前 5 世纪的希腊数学家，将直线和圆看作是可以信赖的最基本的图形，认为只有用直尺和圆规（不带刻度，以下简称尺规）作出的图形才是可信的，所以他们热衷于用尺规来作图。而这种用简单的工具解决困难问题的方法，得到了当时数学家们的一致肯定，于是用尺规作图成为备受推崇的一种方法。不得不说，尺规作图是对人类智慧的挑战，也是培养人的思维和操作能力的一种有效手段。

用直尺与圆规可以作出许多种图形，但有些图形如正七边形、正九边形就做不出来。有些几何问题看起来好像很简单，真正解答起来却很困难，这些问题之中最有名的就是所谓的平面几何作图三大难题。第一个是化圆为方，就是求作一个正方形，使它的面积等于一个已知的圆；第二个是三等分任意角；第三个是倍立方，是指求作一个立方体，使它的体积是一个已知立方体的两倍。

> 这三个问题是怎么产生的呢？

传说大约在公元前 400 年，古希腊雅典疫病流行。人们为了消除灾难，向太阳神阿波罗求助，阿波罗说，只要将他神殿前的立方体祭坛的体积扩大 1 倍，疫病就会消失。起初，人们以为这个很简单，但是尝试很多次之后还是无法办到。他们察觉到了事态的严重性，于是赶紧向当时最伟大的学者柏拉图求教。可是柏拉图也感到无能为力。于是这就形成了古希腊三大几何问题之一的倍立方体问题。

其他两个问题的产生就没有这么有趣了。因为二等分任意角对于人们来说，是很容易做到的。所以，人们自然地觉得用尺规三等分任意角想必也不会有多大困难。但是，尽管费了很多的气力，却没能把看起来容易的事做成。于是，第二个尺规作图难题——三等分任意角问题就产生了。

正方形是一种美丽的直线形，圆是一种既简单又优美的曲线图形，虽然形状不一样，但是它们都有面积。那么是否能用直尺和圆规作一个正方形，使它的面积等于一个给定的圆的面积呢？这个问题也难倒了诸多的数学家，所以尺规作图三大难题的第三个问题也产生了，那就是化圆为方问题。

尺规作图在古希腊数学中备受青睐，解析几何诞生之后，人们就知道了直线和圆分别是一次方程和二次方程的轨迹。而求直线与直线、直线与圆、圆与圆的交点问题，从代数上看来不过是解一次方程或二次方程组的问题，因此，一个方程式能否通过加、减、乘、除、开方运算求解的问题等价于一个几何量能否用直尺和圆规作出。也就是说，运用尺规作图，其实可以更直观地表现出方程式，找出它的解法。

知识延伸

　　解析几何就是指借助坐标系，用代数方法研究集合对象之间的关系和性质的一门几何学分支，也叫作坐标几何。在解析几何创立以前，几何和代数是毫无关系的两个分支。解析几何的建立是数学发展史上的一次重大突破，它第一次真正实现了几何方法与代数方法的结合，使得形与数得到了统一。解析几何的建立对于微积分的诞生有着不可估量的作用。

我们都知道，数学是理性的思维，所以在很多人眼中，数学就是不近人情的，或者说是冷漠的，1 就是 1，2 就是 2，不会因为什么而改变，更不用说跟美丽的爱情挂钩了。可是，谁能想到即使是理性的数学，也有着美丽爱情的踪迹呢！

在数学中有一种曲线，是某个圆周上的一点，绕着与其相切的有相同半径的圆周滚动而形成的。它并不是一条普通的曲线，它的形状是一个让人惊叹的美丽图形——心形。

心形线第一次被提到，是在 1741 年卡斯蒂利翁发表于皇家社会哲学学报的一篇论文中。顾名思义，它的命名也是因为它的形状。在它出现之后，心形图案就开始在欧洲流行，代表着与爱情有关的美丽联想。

这个美丽的曲线与大数学家笛卡儿还有着一个美好的故事。

1596 年，笛卡儿出生在法国，欧洲大陆爆发黑死病的时候，他流浪到了瑞典。1647 年，笛卡儿 52 岁，他在斯德哥尔摩的街头，邂逅了 18 岁的瑞典公主克里斯汀。几天后，他意外地接到通知——国王聘请他做小公主的数学老师，教小公主数学。进入皇宫之后，他才知道在街头偶遇的女孩子，原来是瑞典的小公主。于是，他留在了皇宫，成了小公主的数学老师。

在笛卡儿的悉心指导下，小公主的数学突飞猛进，笛卡儿还将自己研究的新领域——直角坐标系，告诉了小公主。朝夕相处的他们对彼此产生了爱慕之心，国王知道后勃然大怒，下令要将笛卡儿处死。小公主克里斯汀非常难过，苦苦哀求国王，国王最后只得将笛卡儿流放回法国，克里斯汀公主也被国王软禁了起来。

笛卡儿回法国后不久就染上重病，他不停地给公主写信，但是都被国王拦截了，所以笛卡儿一封回信都没有收到。终于，笛卡儿在给克里斯汀寄出第十三封信后与世长辞了。这第十三封信内容只是短短的一个公式：$r=a(1-\sin\theta)$。国王看不懂，可是又不知道笛卡儿想要表达什么，于是将全城的数学家召集到了皇宫，但没有一个人知道这个公式是什么意思。国王也不忍心看着心爱的女儿整日忧愁伤心，就把这封看起来无伤大雅的信，交给了一直闷闷不乐的克里斯汀。公主看到后，立即知道了恋人的意图，她在直角坐标系中把方程的图形画出来，看到图形后，她非常感动，也非常开心，因为她知道恋人仍然爱着她——原来方程的图形是一颗心的形状。这也就是著名的"心形线"。

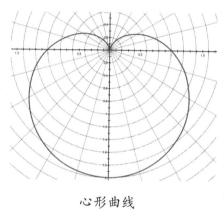

心形曲线

后来，公主克里斯汀登基，立即就派人在欧洲四处寻找心上人。无奈笛卡儿早已辞世，与她相隔。当然，故事只是故事，但是心形线出现之后，心形开始在欧洲各地流行却是不争的事实。直到今天，心形已经成为爱情的象征，不得不说，这是数学中一个美好的存在。

知识延伸

事实上，以上这个故事是虚构的。笛卡儿1649年10月才到瑞典，那是他第一次与克里斯汀见面，当时的克里斯汀并非公主，而是瑞典女王。而且，克里斯汀与笛卡儿所探讨的内容也并非数学，而是哲学。克里斯汀政务繁忙，她留给笛卡儿的时间很少，二人的见面机会也不多。甚至，就连故事中的心形曲线，也不是笛卡儿首先发明的，而是一百年后的科学家牛顿的贡献。

建筑工人建房子的时候，如果墙壁与地面不垂直，造出来的房子就不好看了，而且可能会有危险。在现代可以靠各种精密的仪器，来保证墙壁和地面的垂直，但是在科技不发达的古代，人们是怎么做出那么多结实的古建筑的呢？

学习平面几何都会学到一个定理——勾股定理。这个定理的运用之处是非常多的。据我国现存最早的数学著作《周髀算经》记载：在公元前 12 世纪，周公和商高有一段对话，商高的答话中有一句为"……故折矩，以为勾广三，股修四，弦隅五"，简称为"勾三股四弦五"。这里勾和股就是指直角三角形的

怎么做到？
90°

两个直角边，而弦是指它的斜边。这句话翻译成现代文意思是：直角三角形斜边上的正方形的面积，等于两条直角边上正方形面积的和。当两个直角边长分别为 3 和 4 时，斜边的边长为 5，所以就是勾三股四弦五。

在西方，人们把这个定理称为毕达哥拉斯定理。这是因为他们认为这个定理是古希腊学者毕达哥拉斯在公元前 500 年发现的。其实，早在这个年代之前，中国数学家已经发现了这个定理，也有人主张称这个定理为商高定理，但最终，人们以勾股定理为其命名，这样既准确反映了我国古代数学的辉煌成就，也形象地概括了这一定理的内容。

提到勾股定理，就不得不提一棵树。这棵树是由毕达哥拉斯根据勾股定理所画出来的一个可以无限重复的图形。又因为重复数次后的形状好似一棵树，所以这棵树就被称为"毕达哥拉斯树"。

而在生活中，我们用到勾股定理的地方更是数不胜数。最典型的就是在建筑工程上。比如，房屋的构造，工程人员就可以用勾股定理来计算。文章开头提到的保证墙壁和地面的垂直，也可以用勾股定理来测量。而且工程人员在画各种设计工程图纸的时候，勾股定理也绝对是不能少的。在古代，勾股定理也是大多应用于工程，如修建房屋、修井、造车等。

　　另外，物理上对勾股定理也有广泛应用，如求几个力，或者物体的合速度、运动方向等。

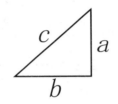

$a^2+b^2=c^2$（勾股定理公式）

知识延伸

　　早在公元前 11 世纪，商周时期的商高就已经提出"勾三股四弦五"，故而勾股定理又被称为"商高定理"。中国东汉末年的数学家刘徽曾运用数形关系证明该定理，即"青朱出入图"。在古希腊和埃及，同样有关于"勾股定理"的记录，其中毕达哥拉斯也证明了该定理，故而在西方被称为"毕达哥拉斯定理"。美国数学家加菲尔德也曾用自己的方式证明了"勾股定理"，因其后来当选为总统，故而这种证明方式称为"总统证法"。

不停的海浪

在说些什么

大海的波浪，似乎永远都是激情澎湃的，不停地诉说，它时而隆起，时而翻滚，时而冲击着海岸……多少年来，人们从各个角度对海浪进行着研究。其中数学就在研究海浪那美丽多变的身形曲线。而为了了解和探索海浪的数学内涵，并且解析那多变的海浪的形状、大小、构成和特性，我们可以将海浪作为一般的波进行研究。

对海洋波浪的数学方面的研究，成形于 19 世纪初。

通过观察大海以及在实验室中进行模拟控制实验，人们开始用数学曲线和方程来研究海浪，这是为什么呢？

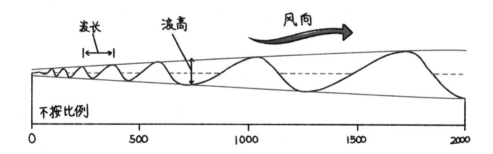

在公元 1802 年，捷克斯洛伐克的 F.格特纳最先用公式建立了波的理论。他通过观察了解到了一个波浪中的水分子，是怎样在一个圆周上运动的。水分子在波峰上的运动方向，与在波谷的运动方向是恰好相反的。位于水表面上的每一个水分子，在它返回原先位置之前，都是在一个圆形的轨道上运动的。而经过研究观察，人们发现这个圆的直径等于波高。有些圆是由更深的地方的水分子产生的，不那么深的地方的水形成的圆又比较小，而且，由于波浪与那些旋转的分子相联系，又由于正弦曲线和摆线也依赖于转动的圆，因而对海洋波浪的描述使用这些数学方程和曲线，也就不足为奇了。

虽然是用数学方程和曲线来表示海浪，但是人们也发现，海洋的波浪并非是严格的正弦曲线，也不是其他单纯性的数学曲线。在描述海浪的时候，水的深度、风的强度、潮汐的变化等，都应该一并进行考虑。所以，除了数学方程和曲线以外，人们还用概率论和统计数学对海浪进行研究，通过对大量小波浪的观测，从中收集资料并形成公式以用于预测海浪的变化。

海洋波浪有着很多有趣的性质：

1. 波长依赖于周期。

2. 波高不依赖于周期和波长（个别情况例外，那就是周期和波长的影响十分精细）。

3.当波峰的角超过120°时，波便破坏了。当波破坏的时候其大部分的能量也随之损耗。

4.对于波受破坏的另一种确定方法，就是比较它的波长与波高。当以上两者的比大于7 ： 1时，波便破坏了。

根据这些性质，我们可以通过知道海浪的波高波长为多少时，会对海上的船只形成伤害，然后就可以判断在多高的波浪下，船只不方便出海。这对于以渔民们来说，无疑是一个很实用的应用。

而且，海浪美丽的曲线总是让人觉得惊艳不已，现实生活中许多的地方都会用到海浪美丽的线条。位于丹麦的瓦埃勒，由丹麦事务所亨宁拉尔森设计的，形如海浪的海浪住宅，就是将海浪的线条融于建筑中的一个应用。

知识延伸

正弦曲线是一种来自数学三角函数中的正弦比例的曲线。

正弦曲线可表示为 $y=A\sin(\omega x+\phi)+k$，定义为函数 $y=A\sin(\omega x+\phi)+k$ 在直角坐标系上的图象，其中sin为正弦符号，x是直角坐标系x轴上的数值，y是在同一直角坐标系上函数对应的 y 值，k、ω 和 ϕ 是常数（k、ω、$\phi \in R$ 且 $\omega \neq 0$）。

　　GPS（全球定位系统）是由美国建立的一个卫星导航定位系统，它可以实现用户在全球范围内实现全天的、连续的、实时的三维导航定位和测速，也就是说可以利用GPS对任何移动的人、宠物、车以及设备进行远程实时定位监控。这个技术在追踪上面常常被用到，但是人们知道了需要寻找的物体的位置之后，怎么表示能够最精确呢？

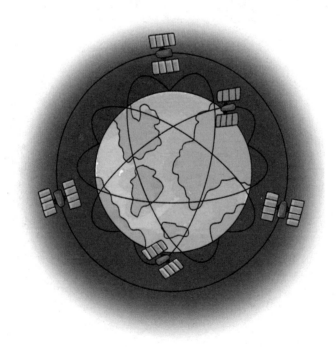

自然界中是没有坐标的，坐标是人类创造出来的。坐标定义了一种参考系，在这个参考系里，自然地出现了上、下、左、右，出现了东、南、西、北，当然还有人们最熟悉的笛卡儿坐标系里的四象限。

　　有了坐标系，图形上的点就有了确定的位置。在二维平面空间中可以构建平面直角坐标，也叫"平面笛卡儿坐标"。在这个坐标系中，确定平面上的一个点需要两个参数，或者叫两个坐标，可以用 (x,y) 来表示。而在三维立体空间中，可以构建三维笛卡儿坐标，这个时候的坐标是立体的。对于这个坐标系而言，确定一个点就需要用到三个参数，或者叫三个坐标，通常用（x,y,z）来表示。在 GPS 定位中，定位了一个物体之后，就可以用坐标来表示精确的位置。

　　然而，坐标系并不仅仅只有这两种，我们常见到的还有极坐标、柱坐标和球坐标等许多种可能的坐标。其实只要给出一种对应关系，就能定义一种坐标系，甚至不一定要是一一对应的关系。

　　坐标在 GPS 中的应用，是坐标应用于实际生活的一个实际事例，坐标离我们生活很近的另一个作用就是应用于计算机当中。

　　虽然在几何学中，我们可以轻松地谈论三维几何体、四维几何体，甚至 N 维几何体，但是在计算机中，至今也还只能在二维平面上做所有的事情，所有图形不论是多少维的，都要投影到平面上。至于怎样投影，就要通过别的方法研究了。对于比二维多一维的三维对象，已有了一整套投影方案，所以我们现在常常可以在电脑上看到许多制作出来的三维影像，如很多人喜欢的 3D 动画片和 3D 游戏，但对于更高维的对象，暂时还没有十分通用的投影办法。

在运用计算机语言的时候，计算机上的屏幕坐标采用的是平面直角坐标，但坐标原点并不是在屏幕的中心，而是在屏幕的左上角。由左上角向右为横轴正向，由左上角向下为纵轴正向。这是因为屏幕总是向上翻的，这样规定可以让屏幕滚动起来方便些。当然，如果用户不习惯这种坐标，也可以转换成通常的直角坐标，纵轴向上为正向，横轴不变。只需把纵坐标反射一下，就可以相互转换了。

知识延伸

笛卡儿坐标系的四象限，是指坐标系中横轴和纵轴所划分的四个区域。象限以原点为中心，x, y 轴为分界线。右上的称为第一象限，左上的称为第二象限，左下的称为第三象限，右下的称为第四象限。坐标轴上的点不属于任何象限。原点不属于任何象限。

Part 5
数学家的故事

数学是一门有趣的学科，充满了各种各样的神奇，而且并不是大自然孕育出来的。它来自于人类的智慧，是人类智慧的积累，形成了这样一门抽象却又实在的学科。我们常常说，大自然是人类的母亲，那么，数学是不是也有这个意义上的父母呢？

生于公元前 624 年的塞乐斯，是古希腊第一位闻名世界的大数学家，被人们称为"数学之父"。最开始的时候，塞乐斯是一个精明的商人，在积累了相当的财富后，他就停止了商业生涯，转而专心从事科学研究和旅行。他勤奋而且好学，却又不迷信古人，勇于探索和创造，积极思考问题。他常常会去埃及旅行，在那里，塞乐斯学习了古埃及人在几千年间积累的丰富的数学知识，并为数学作出了巨大的贡献，因而被人们称为"数学之父"。

在塞乐斯以前，人们认识大自然的时候，只满足于对各类事物的表象作出解释，而塞乐斯的伟大之处，在于他不仅作出了表象的解释，而且还加上了对于本质的理论阐述。

人类早期积累的所谓的数学知识，主要是一些从个别事件的经验中总结出来的计算公式。塞乐斯认为，这种从个例得到的计算公式，用在这个问题上可能是正确的，用到另一个问题上可能就不正确了。而要想一个计算公式可以运用到多个问题中，就得从理论上证明它是普遍正确的，才能广泛地运用它去解决实际问题。

而且，塞乐斯证明了很多的定理。比如，圆被任一直径二等分；等腰三角形的两底角相等；两条直线相交，对顶角相等；半圆的内接三角形，一定是直角三角形；还有如果两个三角形有一条边相等，而且这条边上的两个角也对应相等，那么这两个三角形全等。最后这个定理也是塞乐斯最先发现并证明成立的，后人常称之为"塞乐斯定理"。相传塞乐斯证明这个定理后非常高兴，还宰了一头公牛用以供奉神灵。据说后来他还用这个定理，算出了海上的船与陆地的距离。

塞乐斯还是一个天文学家和哲学家，他曾依靠自己的知识准确地预测过日食。塞乐斯的墓碑上列有这样一段题辞："这位天文学家之王的坟墓多少小了一点，但他在星辰领域中的光荣是颇为伟大的。"

无疑，在人类文化发展的初期，塞乐斯能够作出这么多对于数学的贡献，是超前的，也是难能可贵的。它赋予了数学以特殊的科学意义，是数学发展史上一个巨大的飞跃。这也就是塞乐斯会有"数学之父"尊称的原因。

半圆的内接三角形，一定是直角三角形。

AB 是半圆 O 的直径，C 是半圆上的任意一点，连接 AC，BC，OC。

∵ OA=OB=OC=r，

∴ ∠OAC=∠OCA，∠OBC=∠OCB。

∴ ∠OAC+∠OCA+∠OBC+∠OCB=180°。

∴ ∠OCA+∠OCB=180° /2=90°。

即 ∠ACB=90。

∴ △ABC 是 RT △。

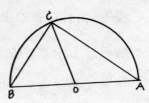

40 古希腊数学之神
阿基米德

　　"给我一个支点，我能撬动整个地球。"这句话，来自于古希腊一个有着传奇色彩的科学家。从这句话上我们就可以看出，他是一个伟大的物理学家，同时，他也是一位伟大的数学家。没错，他就是"力学之父"阿基米德，但是在数学上，他被称为"数学之神"。

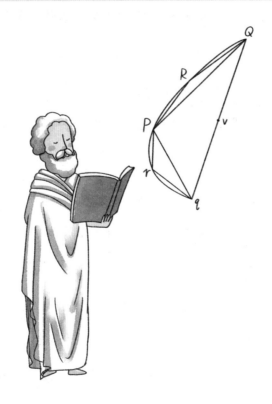

阿基米德的几何著作是希腊数学的最高顶峰，数百年间，无人企及。

他将欧几里得严格的推理方法和柏拉图的丰富想象，和谐地结合在一起，达到了至善至美的境界，从而"使得往后由开普勒、卡瓦列利、费马、牛顿、莱布尼茨等人继续培育起来的微积分日趋完美"。

阿基米德在数学上的贡献让人敬仰，也因此被称为"数学之神"。

不仅如此，他还是力学学科的伟大学者，享有着"力学之父"的美称。其原因在于他通过大量的实验发现了著名的杠杆原理，又用几何演绎方法推出了许多关于杠杆的命题，给出了严格的证明。其中就有著名的"阿基米德原理"。也就是我们常常听见的"给我一个支点，我能撬动整个地球"。

阿基米德流传于世的数学著作有10多部，大多是希腊文手稿。

他的著作集中探讨了求积问题，主要是求曲边图形的面积、曲面立方体的体积。书的体例深受欧几里得《几何原本》的影响。他先是设立若干个定义和假设，然后依次证明。作为数学家，他写出了《论球和圆柱》《圆的度量》《抛物线求积》《论螺线》《论锥体和球体》《沙的计算》等数学著作。

他在数学上极为光辉灿烂的成就，主要是体现在几何学方面。他超前的数学思想中蕴涵了微积分的思想，他唯一的缺陷，就在于没有极限概念，但是他的思想实质，延伸到了 17 世纪趋于成熟的无穷小分析领域中去，预告了微积分的诞生。

阿基米德确定了抛物线弓形、螺线、圆形的面积，以及椭球体、抛物面体等各种复杂几何体的表面积和体积的计算方法。在这些公式的推演过程中，他创立了"穷竭法"，也就是我们今天所说的逐步近似求极限的方法，因此他被公认为是微积分计算的鼻祖。

另外，他用圆内接多边形与外切多边形边数增多、面积逐渐接近的方法，比较精确地求出了圆周率。面对古希腊繁荣复杂的数字表示方式，阿基米德还首创了记大数的方法，打破了当时希腊字母计数时不能超过 1 万的局限，并用它解决了许多数学难题。

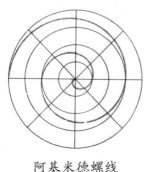

阿基米德螺线

等速螺线是用阿基米德的名字命名的，故而称为阿基米德螺线。该螺线是一个点匀速离开一个固定点的同时又以固定的角速度绕该固定点转动而产生的轨迹。极坐标方程式为：

$$r=a+b\theta$$

其中 a 和 b 均为实数。当 θ 等于0时，a 为起点到极坐标原点的距离。 $\frac{dr}{d\theta}=b$ ，b 为螺旋线每增加单位角度 r 随之对应增加的数值。改变参数 a 相当于旋转螺线，而参数 b 则控制相邻两条曲线之间的距离。

阿基米德在数学中的杰出贡献，使得美国的 E．T．贝尔在《数学人物》中，给予了他极高的评价："任何一张并列有史以来三个最伟大的数学家的名单之中，必定会包括阿基米德，而另外两个通常是牛顿和高斯。"

知识延伸

阿基米德在《圆的度量》一书中利用正多边形割圆的方法得到圆周率的值小于 $3\frac{1}{7}$ 而大于 $3\frac{10}{71}$ ，又说圆面积与外切正方形面积之比为 11：14，即圆周率等于22/7。公元263年，中国数学家刘徽在《九章算术注》中提出"割圆"之说，他从圆内接正六边形开始，每次把边数加倍，直至圆内接正96边形，算得圆周率为3.14或157/50，后人称之为徽率。书中还记载了圆周率更精确的值3927/1250（等于3.1416）。刘徽断言"割之弥细，所失弥少，割之又割，以至于不可割，则与圆合体，而无所失矣"。刘徽的思想与阿基米德的穷竭法不谋而合。

中国古代杰出的
数学家祖冲之

我国古代的数学曾一度领先，处于世界之巅。许多数学家为我国古代的数学发展，作出了不可估量的贡献。我们熟悉的祖冲之，作为世界数学史上第一个将圆周率算到小数点后第七位的数学家，为我国古代的数学发展起到了不可缺少的促进作用。

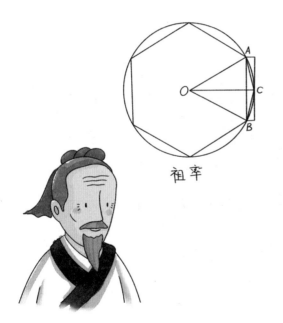

祖率

祖冲之是我国杰出的数学家、科学家，南北朝时期人。

他在世界数学史上，第一次将圆周率 π 值计算到小数点后 7 位，即 3.1415926 到 3.1415927 之间，并给出了 π 的两个分数近似值，约率 $\frac{22}{7}$ 和密率 $\frac{355}{113}$，这是世界上最早提出的密率值，比欧洲早了 1000 多年。在西方，直到 16 世纪，荷兰数学家奥托才发现了这一密率值。因此，有人主张将这个数值称为"祖率"，代表着这个数值是圆周率的祖先，而且他的提出者是祖冲之。后来，祖冲之还将自己的数学研究成果汇集编著成了《缀术》，唐朝国学曾经将此书定为数学课本，但是后来遗失了。

不仅是在数学方面有着突出的成就，在其他方面祖冲之也是有着极其伟大的成就。

比如，他编制的《大明历》，第一次将"岁差"引进历法；提出在391年中设置144个闰月；推算出一回归年的长度为365.24281481日，误差只有50秒左右。从这一点看来，他还是一位天文学家。

另外，他还是一位杰出的机械专家，他重新造出了早已失传的指南车、千里船等许多巧妙的机械。

祖冲之是世界上第一位将圆周率值计算到小数点后第7位的科学家，因此入选世界纪录协会世界第一位将圆周率计算到小数第七位的科学家。研究圆周率有着积极的现实意义，是适应当时生产实践需要的。比如，他亲自研究了度量衡，并且用最新的圆周率成果，修正了古代的量器容积的计算。

古代有一种量器叫作"釜"，一般的是一尺（三尺等于一米）深，是圆柱状的量器。为了求出这种量器的容积有多大，祖冲之利用他研究出的圆周率的值，求出了精确的数值。方便了物品的流通。他还重新计算了汉朝刘歆所造的"律嘉量"，也是圆柱体的量器。因为刘歆计算出来的容积和实际的容积是有一些出入的，祖冲之找到他的错误所在，利用"祖率"修正了数值，为人们的日常生活提供了方便。

后来，人们在制造量器时就采用了祖冲之的"祖率"数值。祖冲之在前人的基础上，经过刻苦钻研，反复演算，将圆周率推算至小数点后第 7 位，并得出了圆周率分数形式的近似值。

知识延伸

求取圆周率的值，是一项非常精密的计算。这样精密的计算，对于一个人来说，无疑是一种细致而艰巨的脑力劳动。在祖冲之那个时代，还没有什么方便的计算工具，算盘也还没有出现。人们普遍使用的计算工具叫作"算筹"，它是一根根几寸长的方形或扁形的小棍子，可以用竹、木、铁、玉等各种合适的材料进行制作。计算的时候，通过对算筹的不同摆法，来表示各种数目，就叫作"筹算法"。这种方法每计算完一次，就得重新摆动以进行新的计算。虽然可以用笔记下数据，但是如果有一点差错，比如算筹被碰偏了，或者计算中出现了错误，那么整个计算过程就得从头开始。

　　1832年5月30日清晨，在巴黎的葛拉塞尔湖附近，有一个年轻人昏迷在路边，过路的农民看到他身上的枪伤后，判断他是决斗后受了重伤，于是好心地把这个不知名的青年抬到医院。可是在第二天早上的10点，这个可怜的年轻人就离开了人世。谁也没有想到，数学史上最年轻、最富有创造性的头脑，就在此刻停止了思考。这个年轻人，就是被公认为数学史上两个最具浪漫主义色彩的人物之一——伽罗华。

　　伽罗华是对函数论、方程式论和数论都作出了重要贡献的法国数学家，他为"群论"（一个他提出的名词）奠定了基础。而在父亲自杀后，他放弃了投身于数学生涯的理想，注册成为一个辅导教师，结果却因为撰写反君主制的文章而被开除，而且因为信仰共和体制而两次下狱，最终死于一次决斗。后人猜测，这很有可能是被保皇派或警探所激怒而致，当时伽罗华才 21 岁。

后世有一些著名的数学家说，伽罗华的死使数学的发展被推迟了几十年，可见伽罗华生前的数学贡献有多么重要。

伽罗华死后，舍瓦利叶按照他的遗愿，把他的信发表在《百科评论》中。他的论文手稿过了 14 年后，也就是直到 1846 年，才由法国数学家刘维尔领悟到这些演算中蕴含着的天才的思想。刘维尔花了几个月的时间，试图去解释伽罗华论文手稿的意义，最后将这些论文编辑发表在他极有影响的《纯粹与应用数学杂志》上，并向数学界推荐了伽罗华的成就。后来的 1870 年，法国数学家约当根据伽罗华的思想，写出了《论置换与代数方程》一书，在这本书里伽罗华的思想得到了进一步的完整阐述。

伽罗华一生最主要的成就，是提出了"群"的概念，并用群论彻底解决了根式求解代数方程的问题，而且由此发展，形成了一整套关于群和域的理论。为了纪念他，人们把这套理论称为"伽罗华理论"。也正是基于这套理论，抽象代数学被创立，代数学的研究走向了一个新的里程。而且，这套理论为数学研究工作，提供了新的数学工具——群论。它对数学分析、几何学的发展都有很大影响，并且标志着数学发展现代阶段的开始。

虽然后世对他的成就评价很高，但是对在世的伽罗华来说，他所提出并为之坚持的理论，是一场对权威、对时代的挑战——他的"群"概念，完全超越了当时数学界观念的理解范围。也正是因为年轻，他才敢于并能够以崭新的方式去思考，去描述他所知、所想的数学世界。然而也正是因为年轻，他才受到了多方的冷遇，甚至最终英年早逝。但是不管怎么样，今天的伽罗华已经得到了世人的肯定，由他开始的群论，不仅对近代数学的各个方向，而且对物理学、化学的许多分支都产生了重大的影响。

知识延伸

伽罗华扩张是抽象代数中伽罗华理论的核心概念之一。伽罗华扩张是域扩张的一类。如果某个域扩张 L/K 既是可分扩张也是正规扩张，则称其为伽罗华扩张。另一个等价的定义是：伽罗华扩张是使得其上的环自同构群的固定域为其基域的域扩张。伽罗华扩张上的自同构群称为伽罗华群，而且伽罗华扩张的中间域与其伽罗华群的子群之间的关系满足伽罗华理论基本定理。

　　爱因斯坦曾经说过："一个人最初接触欧几里得几何学时，如果不曾为它的明晰性和可靠性所感动，那么他是不会成为一个科学家的。"从这句话中，我们就能看出这位闻名世界的科学家对于欧几里得几何的推崇。那么，欧几里得几何的创造者欧几里得，是一个什么样的人呢？

欧几里得，是古希腊著名的数学家，他被后世尊称为"几何之父"。

这位伟大的数学家，是柏拉图的学生，在公元前约300年左右，托勒密国王邀请他到亚历山大，后来，欧几里得在亚历山大里亚建立了以他为首的数学学派。

他留给后世最宝贵的财富，是他的著作《几何原本》。这本书为后来欧洲数学的发展奠定了基础，而且被广泛认为是历史上最成功的数学教科书。欧几里得系统化地整理和总结了前人的数学成果，然后在严密的演绎逻辑上，把建立在一些公理之上的初等几何学知识，发展成为一个严谨的数学体系。

《几何原本》书影

也就是这个几何学体系的完整和严谨，使得 20 世纪最杰出的大科学家爱因斯坦也对他另眼相看，评价颇高。

欧几里得，这位亚历山大大学的数学教授，运用他的惊人才智，将这个复杂的世界，分为简单的组成部分：点、线、角、平面、立体——把一幅无边无垠的图，译成初等数学的有限语言。他用简单的几何图形，重新构造出了这个庞大而复杂的世界。

但是，尽管欧几里得简化了他的几何学，但他坚持对几何学的原则进行透彻的研究，然后用最简单的语言来给予描述，以便他的学生们能充分地理解它。

相传，亚历山大的国王多禄米曾向欧几里得学习几何。有一次，国王对于一个原理不是很明白，于是欧几里得就一遍又一遍地向他解释，国王对此表示很不耐烦，问道："有没有更简捷一些的学习几何学的途径？"

欧几里得随后就回答道："几何没有王者之路。陛下，在乡下，有两种道路供人行走。一种是供老百姓行走的难走的小路，一种是供皇家行走的坦途。但是在几何学里，大家都只能行走于同一条路，去到最终的目的地。请陛下明白，走向学问，是没有皇家大道的。"

欧几里得的这番话后来被推广为"求知无坦途"，被后世作为箴言传诵千古。

欧几里得对于除了学问以外的事情,都不是很在意,他认为:"这些浮光掠影的东西终究会过去,但是,星罗棋布的天体图案,却是永恒地岿然不动。"

除著有对后世贡献极大的《几何原本》外,欧几里得还著有《数据》《图形分割》《论数学的伪结论》《光学》《反射光学之书》等著作。即使是在数学高度发展的今天,欧几里得的学术成就发散出来的光芒也不会被削弱,更没有人会因为数学的发展,而贬低欧几里得在数学的和现代科学逻辑框架的建立方面的历史重要性。

知识延伸

余弦定理是欧氏平面几何学基本定理。余弦定理是描述三角形中三边长度与一个角的余弦值关系的数学定理,是勾股定理在一般三角形情形下的推广,勾股定理是余弦定理的特例。

对于任意三角形,任何一边的平方等于其他两边平方的和减去这两边与它们夹角的余弦的积的两倍。

数学天才欧拉

1783 年 9 月 18 日，有一位 77 岁的老人，在他的石板上进行着推算气球升高的定律，这是他午后的消遣。推算了一会儿后，他就和家人吃了晚饭。吃完饭之后，他又开始进行天王星行星轨道的计算，那个时候，天王星还刚刚被发现。过了一会儿之后，他让他的孙子进来，边喝茶边跟孩子玩耍。然而就在享受着天伦之乐的时候，他突然中风发作，手中的烟斗掉落，只说出一句"我要死了"，然后便与世长辞了。这位溘然辞世的老人，就是数学史上的天才——欧拉。

$$\sum_{k=1}^{\infty} \frac{1}{k^2} = \frac{\pi^2}{6}$$

欧拉是 18 世纪最优秀的数学家，也是历史上最伟大的数学家之一。

欧拉出生于瑞士，他是一位数学天才。他的数学和科学成果简直多得令人难以相信。他写了 32 部足本著作，其中有几部不止一卷，还写下了许许多多富有创造性的数学和科学论文。在生命的最后 7 年中，欧拉双目完全失明，尽管如此，他还是以惊人的速度产出了生平一半的著作。可以说，欧拉是有史以来著作最多的数学家，据统计，他的全集总共有 75 卷。实际上，18 世纪的数学是由欧拉支配的。

欧拉作为数学教授的时候，先后任教于圣彼得堡和柏林，后来又返回了圣彼得堡。由于欧拉在数学方面的才能，使得纯数学和应用数学的每一个领域都得到了充实的发展，他的数学成果有着无限广阔的应用领域。

"欧拉进行计算看起来毫不费劲儿，就像人进行呼吸，像鹰在风中盘旋一样。"这句话用来形容欧拉那无与伦比的数学才能，一点都不夸张。他的学识与勤奋都是历史上公认的。撰写长篇学术论文的时候，欧拉就像在给亲密的朋友写信那样容易。甚至完全失明的时候，他也没有停止对数学的研究。硬要说视力的丧失对他有什么影响的话，那就是提高了他在内心世界进行思维的能力。

欧拉的数学，可应用于现实的经济生活中，这使得俄国皇室给予了他优越的待遇，使他为俄国作出了很多的贡献。而且，欧拉不仅在可应用于科学的数学发明上得心应手，同时，在纯数学领域，也具备几乎同样杰出的才能。他对数论有着不可抹灭的贡献，也在数学的一个分支——拓扑学领域作出了先驱的探索，在 20 世纪，拓扑学已经变得非常重要。另外要提到的一点是，欧拉对目前使用的数学符号制，也作出了很重要的贡献。例如，用 π 代表圆周率，就是他首先提出来的。

欧拉的著述丰富而全面，不仅包含着许多的科学创见，而且富有先进的科学思想。他为后人留下的丰富的科学遗产和为科学现身的精神，一直让后世敬仰。历史学家把欧拉和阿基米德、牛顿、高斯并列为数学史上的"四杰"。甚至有人将他与数学王子高斯，并称为"历史上最伟大的两位数学家"。如今，在数学的许多分支中我们经常可以看到以他的名字命名的重要常数、公式和定理。

知识延伸

什么是欧拉示性数？在代数拓扑中，欧拉示性数是一个拓扑不变量（事实上，是同伦不变量），对于一大类拓扑空间有定义。

　　提起庞加莱，大部分数学家会作出一个相同的评价：最后一个数学全才。这个评价意味着，庞加莱是最后一个在数学所有分支领域都造诣深厚的数学家。在庞加莱之前，最近一个被称为"数学全才"的，是数学王子高斯。与庞加莱的全才评价同样著名的，还有庞加莱本人曾说过的一句话："数学家是天生的，而不是造就的。"

亨利·庞加莱是法国最伟大的数学家之一，他也是一位伟大的理论科学家和科学哲学家。在19世纪末和20世纪初，庞加莱被公认为是这个时期的领袖数学家，是继高斯之后对于数学及其应用具有全面知识的最后一个人，也就是最后一个数学全才。

在1873年，庞加莱进入巴黎综合理工大学，以著名数学家查尔斯·厄米特为老师。进校后不久，他就发表了他的第一篇学术论文。

1875年前后，他从理工大学毕业后，进入南锡矿业大学，继续学习数学和采矿。毕业后，他加入了法国矿业集团，成为当时法国东北部矿产区的一名巡视员，与此同时，继续在厄米特的指导下从事研究，并攻读博士学位。

1879年，他获得了巴黎大学博士学位，1887年入选法国科学院，后任院长，并于1906年获得了法国学者的最高荣誉，成为法兰西学院院士。

亨利·庞加莱出生于法国南锡一个学者家庭。庞加莱家族在法国拥有极高的声望，庞加莱的父亲和姐夫都是南锡大学的教授，而他的表兄弟雷蒙·庞加莱更是法兰西学院院士，并出任1913—1920年的法国总统。而庞加莱本人的数学才华，更是在上大学之前就已经显现出来，他囊括了包括法国高中学科竞赛第一名在内的几乎所有荣誉，因此，他被他的数学老师形容为"数学怪兽"。

庞加莱的研究涉及数论、代数学、几何学、拓扑学等诸多领域，最重要的工作是在分析学方面。他早期的主要工作是创立自守函数理论 (1878)。他引进了富克斯群和克莱因群，构造了更一般的基本域。他利用后来以他的名字命名的级数构造了自守函数，并发现这种函数作为代数函数的单值化函数的效用。

1883 年，庞加莱提出了一般的单值化定理 (1907 年，他和克贝相互独立地给出完全的证明)。同年，他进而研究一般解析函数论，研究了整函数的亏格及其与泰勒展开的系数或函数绝对值的增长率之间的关系，它同皮卡定理构成后来的整函数及亚纯函数理论发展的基础。他又是多复变函数论的先驱者之一。

庞加莱为了研究行星轨道和卫星轨道的稳定性问题，在 1881—1886 年发表的四篇关于微分方程所确定的积分曲线的论文中，创立了微分方程的定性理论。他研究了微分方程的解在四种类型的奇点 (焦点、鞍点、结点、中心) 附近的性态。他提出根据解对极限环 (他求出的一种特殊的封闭曲线) 的关系，可以判定解的稳定性。

1885 年，瑞典国王奥斯卡二世设立"N 体问题"奖，引起庞加莱研究天体力学问题的兴趣。他以关于当三体中的两个的质量比另一个小得多时的三体问题的周期解的论文获奖，还证明了这种限制性三体问题的周期解的数目同连续统的势一样大。这以后，他又进行了大量天体力学研究，引进了渐进展开的方法，得出严格的天体力学计算技术。

当然，最富有影响力的还是他提出的一个猜想，即"庞加莱猜想"。

知识延伸

庞加莱猜想是庞加莱提出的一个拓扑学猜想，它的内容是："任何一个单连通的，闭的三维流形一定同胚于一个三维的球面。"简单地说，一个闭的三维流形就是一个有边界的三维空间；单连通就是这个空间中每条封闭的曲线都可以连续地收缩成一点，或者说在一个封闭的三维空间，假如每条封闭的曲线都能收缩成一点，这个空间就一定是一个三维球面。

庞加莱猜想曾被克莱数学研究所列入"七个千禧年数学大奖难题"中，奖金是一百万美金。2006 年，俄罗斯数学家佩雷尔曼解决了这一问题，得到了数学界的认同。

法国首都巴黎安葬民族先贤的圣日耳曼圣心堂中，有一个庄重的大理石墓碑上镌刻着"欧洲文艺复兴以来第一个为人类争取并保证理性权利的人"的文字，这个墓碑的主人，就是被誉为"近代科学的始祖"的笛卡儿。恩格斯曾经评价笛卡儿说："数学中的转折点是笛卡儿的变数。有了变数，运动进入数学，有了变数，辩证法进入数学，有了变数，微分和积分也就立刻成为必要了。"

笛卡儿是法国数学家、物理学家和哲学家。他生前因怀疑教会信条而受到迫害，长年在国外避难。笛卡儿的一生有着许多方面的贡献。直到如今，笛卡儿的观点仍具有很高的研究价值。

创立解析几何学，是笛卡儿最杰出的成就。在笛卡儿时代，代数还是一个比较新的学科，几何学思维在数学家的头脑中，还占有统治地位。笛卡儿致力于研究代数和几何的联系，在创立了坐标系后，最终于1637年成功地创立了解析几何学。

解析几何学的诞生，为微积分的创立奠定了基础，直到现在仍是重要的数学方法之一。而且，笛卡儿不仅提出了解析几何学的主要思想方法，还指明了它的发展方向。在《几何学》中，他将逻辑、几何和代数方法结合起来，通过讨论作图问题，勾勒出解析几何的新方法，成功地把数和形结合到了一起，数轴就是数和形的第一次接触。

解析几何的创立是数学史上一次划时代的转折，而解析几何得以创立的基础就是平面直角坐标系的建立。直角坐标系的创建，在代数和几何上架起了一座桥梁，使得几何概念可以用代数形式来表示，几何图形也可以用代数形式来表示。据说直角坐标系的创立，还有一个故事。

话说有一天，笛卡儿生病了，病情很严重，但是他仍然在反复思考一个问题：几何图形是直观的，而代数方程是抽象的，怎么才能把几何图形和代数方程结合起来，用几何图形来表示方程呢？要把两者结合起来，关键在于如何把组成几何图形的"点"，和满足方程的每一组"数"对应上。他不停地琢磨，不停地思考，通过什么样的方法，才能把"点"和"数"联系起来。

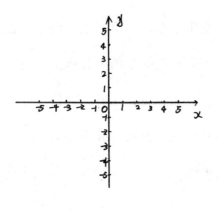

突然，他看见屋顶角上的一只蜘蛛，拉着丝垂了下来。一会儿工夫，蜘蛛又顺着丝爬了上去，在上边左右拉丝。这一幕使笛卡儿的思路豁然开朗。他想：如果把蜘蛛看作一个点，它在屋子里就是上、下、左、右运动的，那么能不能把蜘蛛的每一个位置用一组数确定下来呢？进一步地，如果把地面上的墙角作为起点，把交出来的 3 条线作为 3 根数轴，那么空间中任意一点的位置，就可以在这 3 根数轴上找到有顺序的 3 个数。反过来，任意给一组 3 个有顺序的数，也可以在空间中找到与之对应的一点。同样的道理，用一组数（x，y）可以表示平面上的一个点，平面上的一个点也可以用一组有顺序的数来表示，于是，坐标系的雏形就此诞生。后世将他所创立的直角坐标系和斜坐标系统称为笛卡儿坐标系。

知识延伸

三维坐标系。放射坐标系和笛卡儿坐标系平面向空间的推广：相交于原点的三条不共面的数轴构成空间的放射坐标系。三条数轴上度量单位相等的放射坐标系被称为空间笛卡儿坐标系。三条数轴互相垂直的笛卡儿坐标系被称为空间笛卡儿直角坐标系，否则被称为空间笛卡儿斜角坐标系。

无冕之王希尔伯特

　　有一位德国数学家，提出了 23 个关于数学的问题，这些问题被后世的数学家们不断研究，至今还有许多是尚未被计算出来的。这位数学家就是大卫·希尔伯特。在他所处的时代，他被人们以"伟大的数学家"尊称着，后来，他与另外一位法国数学家亨利·庞加莱一起，被后人称为"数学史上最后两位全才"，而他本人更是被称为"无冕的数学之王"。

大卫·希尔伯特是 19 世纪和 20 世纪初世界最具影响力的数学家之一。他出生于哥尼斯堡，1943 年在德国哥廷根逝世。他发明和发展了大量的思想观念，因而成为世界上伟大的数学家和科学家。

1900 年，38 岁的大卫·希尔伯特在巴黎举行的第 2 届国际数学家大会上，作了题为《数学问题》的著名讲演，提出了新世纪所面临的 23 个问题。这次的报告充分体现了希尔伯特在数学界的领导地位。他提出的这 23 个问题，涉及了现代数学的大部分重要领域，著名的哥德巴赫猜想，就是第 8 个问题中的一部分。数学家们对这些问题的研究，有力地推动了 20 世纪数学的发展。

1880 年秋天，18 岁的希尔伯特进入家乡的哥尼斯堡大学。在选择学习科目的时候，他毫不犹豫地选择了数学，尽管他的父亲希望他能学习法律。进入大学之后，希尔伯特发现当时的大学生活极其自由，许多的学生都将时间和精力，花费在学生互助会的传统活动饮酒和斗剑上。然而希尔伯特选择了另一个项目来倾尽心血——数学，他将他全部的精力都给予了数学。

根据当时的规定，在大学的第二学期，希尔伯特可以到另一所大学听课。他选择了海德尔堡大学，这是当时德国所有大学中最让人喜欢并且最具浪漫色彩的学校。希尔伯特在海德尔堡大学选听了拉撒路·富克斯的课。

富克斯是一位微分方程方面的名家，他的名字几乎就等同于了线性微分方程。而且最有特色的是他上课的方式。这位老师课前一般不做教案，推导公式的时候就在课堂上现想现推，于是常常发生某个问题推不下去的情况，这时他就再想另外一种方法，有时一连要换好几种方法，但他最后总能推导出结果来。希尔伯特认为，这位老师的授课方式给他带来了很大的启发，从这门课中，他知道了数学家是怎么思考的，他的思维也因此变得更具有多变性。当时的他将这门课看作是享受最高超的数学思维的实际过程。

知识延伸

1900年在巴黎召开的国际数学家代表大会上，希尔伯特发表了名为《数学问题》的演讲。他根据过去特别是19世纪数学研究的成果和发展趋势，提出了23个最重要的数学问题，后来人们把这些问题通称为"希尔伯特问题"，经过一代又一代数学家们的努力，其中有些问题已经得到圆满的解决，但有些问题依然悬而未决。他在讲演中所展现的攻克数学难关的勇气和信心，对未来的数学工作者起到了极大的鼓舞作用。

48

世纪之交的
数学领袖克莱因

克莱因是德国著名的数学家，他是在杜塞尔多夫读的中学，之后，他进入波恩大学，兼修数学和物理。最初他希望自己能成为一位物理学家，但他的老师、数学教授普律克改变了他的理想。后来，克莱因在普律克教授的指导下，完成了他的博士论文。

在 1868 年，普律克教授去世。他留下了一些未完成的几何基础课题，而克莱因自然地承担了完成这一任务的责任。服完兵役之后，在 1871 年，克莱因接受哥廷根大学的邀请担任数学讲师。在他 23 岁的时候，他被埃尔朗根大学聘任为数学教授。之后他陆续收到其他学院的邀请，最后，在 1886 年，他选择了哥廷根大学，并在哥廷根开始了他的数学家生涯。直到 1913 年退休，他实现了重建哥廷根大学作为世界数学研究的重要中心的愿望。

克莱因最为人们所知的贡献，应该是克莱因瓶的发现，神奇而又美丽的单侧面瓶子，让许多的人充满了好奇，不断地研究。其实，在瓶子之外，克莱因可以说是世纪之交最伟大的数学家，他为数学作出的贡献，使得晚年的他在哥廷根的地位有如神一般，大家对他都是敬畏有加的。

那个时候，在哥廷根流传着一个小笑话，说哥廷根有两种数学家，一种是做着他们自己要做但不是克莱因让他们做的事情，还有一种是做着克莱因要做却不是他们自己要做的事情。这样看来，克莱因既不是第一种，也不是第二种，所以克莱因就不是数学家，他是神一样的存在。虽然这只是一个有些荒诞的笑话，但是从这里，我们不难看出克莱因在当时人们心中的地位有多么崇高。

据说，美国数学家维纳去哥廷根拜访克莱因的时候，他问克莱因的管家，教授是否在家。没想到管家立马皱着眉头，训斥道，枢密官先生在家。在那个时候，枢密官在德国科学界，相当于一个被封爵的数学家在英国科学界的地位，就像牛顿一样。维纳也说，对于克莱因而言，时间已经变得不再有任何意义了。

克莱因在数学上作出的第一个贡献，是在 1870 年，他与挪威数学家马里乌斯·索菲斯·李合作发现的。经过多次的研究，他们发现了库默尔面上曲线的渐近线的基本性质。后来，他进一步与马里乌斯·索菲斯·李合作，对 W—曲线进行研究。1871 年，克莱因出版了两篇有关非欧几何的论文，论文中证明，如果欧氏几何相容，那么非欧几何也相容。这个证明把非欧几何放在了与欧氏几何同样坚实的基础之上。

而在克莱因自己看来，他对数学的贡献，主要是在函数理论上。在 1882 年发表的一篇论文中，他用几何方法处理了函数理论，并作出了一些其他的突破。另外，他也经常把物理概念用在函数理论上，尤其是将流体力学与函数理论的融合。

知识延伸

自守函数论是 19 世纪群论在函数论中的应用，其理论是几何学、代数学、复分析、微分方程解析理论交叉的产物，体现了数学的统一性。我国数学家华罗庚在解析数论、典型群、矩阵几何、自守函数与多复变函数论等领域做出了多方面的开拓性工作，在数学界有巨大的影响力。

49

最会赚钱的数学家
詹姆斯·西蒙斯

　　他是一位伟大的数学大师，和我国著名数学家陈省身一起，创造了"陈－西蒙斯几何定律"；他也是华尔街年薪最高的基金经理人和操盘手，堪称亿万富翁。他用数学方法建立了风险投资的数学预测模型，获得了惊人的投资回报率，成为世界上最富有的数学家。他就是美国大奖章对冲基金的负责人詹姆斯·西蒙斯，世界上最会赚钱的数学家。

詹姆斯·西蒙斯是一位世界级的伟大的数学家。他于1958年从麻省理工学院毕业，1962年在伯克利加州大学获得博士学位。之后他先后任教于麻省理工学院、哈佛大学和纽约州立大学石溪分校，并与陈省身一起创造了"陈—西蒙斯规范理论"。1976年，他被授予美国数学会的范布伦奖。

1982年，西蒙斯创建了文艺复兴科技公司，一家私有的位于纽约的投资公司，管理着超过150亿美元的资产，西蒙斯曾作为该公司的CEO掌管大局。目前，该公司已经拥有了世界上最成功的对冲基金之一。在2005年，西蒙斯用数学方法建立预测模型，成功成为全球收入最高、最伟大的对冲基金经理人之一，当年他的个人盈利是15亿美元。2006年，西蒙斯被国际金融工程师协会评选为年度金融工程师，成为炙手可热的对冲基金经理人。在数学和投资之外，西蒙斯把大量的金钱花费在慈善事业上，他也是数学研究的主要赞助人，在全球范围内赞助各种数学会议和数学研究项目等。

可以说，西蒙斯利用数学创造的财富，不仅使得他自己受益匪浅，也为数学的发展带来了不可磨灭的贡献，他是一位世界级的、伟大的数学家、投资家和慈善家。

在数学领域工作了 15 年后，西蒙斯放弃了正处于高峰的数学研究，投入了金融界，开始创立私人投资大奖章对冲基金。经过多年研究后，他成功地将统计方法运用到风险投资中，以电脑运算为主导，运用所建立的风险预测数学模型，在全球各种市场上进行短线交易。依靠这种策略，他成功地从一个天才数学家转型成为华尔街亿万富翁，被誉为"地球上最好的基金经理人"。

值得一提的是，西蒙斯收取的资产管理费和投资收益分成，应该是对冲基金界最高的，相当于平均收费标准的两倍以上。高额回报和高额收费使西蒙斯很快成为超级富豪，从 2006 年开始跻身《福布斯》全球亿万富豪排行榜。在 2010 年的《福布斯》全球亿万富豪排行榜上，他以 85 亿美元位列第 80 位。

西蒙斯的文艺复兴科技公司一共有100多名员工，其中1/3是拥有数理学博士学位的。他几乎从不雇佣华尔街分析师，而是让公司充满了一群"怪胎"。这群超级"怪胎"的专业领域千奇百怪，从天体物理学、数学理论到电脑科学都有涉及。看起来这和华尔街完全没有关系。然而，他正是依靠这些"怪胎"专家，运用量化策略从庞大的市场中筛选数据，找寻统计上的关系，找到预测商品、货币及股市价格波动的模式，最后获取成功的。虽然自他之后，华尔街也有其他对冲基金采取了相同的方法，但远远没有达到西蒙斯那样的高度。

知识延伸

陈—西蒙斯理论是由数学家陈省身和詹姆斯·西蒙斯共同提出的规范理论。它是关于在三维底流形的主纤维丛上联络的理论。这种理论对三维流形和扭结的拓扑性质的研究起了十分重要的作用。

　　有一个人，左腿因为生病而残疾，每当他走路的时候，都要左腿先画一个大圆圈，右腿才能迈上一小步。对于这种费力而又不得不进行的走路方式，他曾幽默戏称其为"这是圆与切线的运动"。他的生活并不是一帆风顺的，但是他从来没有停止过与命运的抗争。他顽强而执着，他对世界说："我要用健全的头脑，代替不健全的双腿！"而就是凭着这样的精神，他从一个只有初中毕业文凭的默默无闻的青年，成长为一代数学大师，被称为"中国数学之神"，他就是华罗庚。

华罗庚是中国解析数论、典型群、矩阵几何学、自导函数论等方面的研究者和创始人，其著作《堆垒素数论》更是 20 世纪数学论著的经典之作。

他最吸引人的不只是他的数学贡献，还有他的传奇经历。他只有初中的文凭，却在毕业后，用了 6 年半时间，成为清华大学的一名教师，再用了 7 年又成为教授；他在西南联大的时候，和闻一多一家住在一起，仅以门帘相隔，成为当时的美谈；在国外生活安逸的时候，听闻祖国解放后，毅然选择了回到祖国，并写出了著名的《致中国全体留美学生的公开信》；他和战友一起，白手起家，共同创造出了"中国数学界"；他在"文化大革命"期间，跑遍了全国 26 个省市，白天亲自为百万工人农民讲授知识，夜晚仍然刻苦地钻研数学问题；甚至连他人生的谢幕，都堪称是完美的。

华罗庚是最早把数学理论研究和生产实践结合起来并用数学为生产作出了巨大贡献的中国数学家。在 1964 年，华罗庚提出，如果在生产实践中推广优选法和统筹法，可以提高管理水平和效率。在之后的近 20 年间，他走遍了祖国的山山水水，深入到工厂和矿山，用深入浅出的语言，向工人和农民讲授优选法和统筹法，为当时的生产作出了极大的推动作用。毛泽东主席对此称赞华罗庚是"不为个人而为人民服务"。

另外，华罗庚还首创了我国中学生数学竞赛，从 1956 年到 1978 年，他亲自担任竞赛委员会主任，还撰写了大量有关中学生课外的数学读物和学习方法书，为教育倾尽心血，培养了一大批优秀数学人才。

华罗庚是一个才华横溢的人，他不仅长于数学，诗文水平也都是一等一的，而且他的演说才思敏捷，幽默风趣。有一次他在读唐诗的时候，发现一句唐诗有误，原文是"月黑雁飞高，单于夜遁逃。欲将轻骑逐，大雪满弓刀。"他发现了诗中常识性的错误，并用诗指出了这个错误："北方大雪时，群雁早南归，月黑天高处，怎得见雁飞？"仅仅四句诗，在显示了华罗庚精密的逻辑能力的同时，也展示了他非同一般的诗文功底。

华罗庚在美国当教授的时候，年薪高达两万美元，而且有小洋楼和汽车。但是他常说："梁园虽好，非久居之乡！"他一直希望"回国和苦兄弟们在一起，把祖国建设好"。当得知新中国成立的消息时，他毅然放弃了安逸富足的生活，回到了祖国，跟他的战友从头开始，创造了一个中国的数学王国。

对此，一名美国教授后来评论他说："华罗庚若能留在美国，本来可以对数学作出更多的贡献。但他回国对中国数学也是十分重要的。很难想象，如果他不回国，中国数学会怎么样。"

因为他对数学的热爱，对祖国的热爱，对人民的热爱，他被广大群众誉为"人民的数学家"。

知识延伸

《堆垒素数论》是华罗庚的重要数学著作，书中除西格尔关于算术数列素数定理未给证明外，全书内容均自成体系，即所有的定理证明均包含在书中。书中除了一个关于除数函数的不等式之外，均为三角和的估计方法方面的最重要的定理，这些结果是解析数论的基础与最基本的方法。该书被翻译成多国文字，是20世纪的经典数论著作之一。

微分几何之父 陈省身

　　作为一个热爱祖国也热爱数学的伟大数学家，陈省身向世界宣告说："我们的希望是在 21 世纪看见中国成为数学大国。"在 2004 年 11 月 2 日，国际天文学联合会下属的小天体命名委员会决定，将一颗永久编号为 1998CS2 号的小行星命名为"陈省身星"，以表彰他对全人类的贡献。

陈省身是一位美籍华裔数学大师，也是当代著名的教育家，是中国科学院外籍院士，"走进美妙的数学花园"创始人，同时还是20世纪世界级的几何学家，在国际上被尊为"微分几何之父"。

他只上过一天的小学。在他8岁那年，陈省身才去浙江秀水县城（今嘉兴市）的县立小学上学。而那天下午放学时，老师却无故用戒尺惩戒学生。陈省身虽然没有挨打，却因此受到刺激，从此不肯再去学校上学，也因此只上过一天小学。然而，第二年他就考入了中学，4年中学之后，考入了南开大学理学院本科，当时年仅15岁。

进入大学之后，陈省身将数学作为主修的第一选择。这一方面是因为他的数学能力一向比较好，另一方面则是由于他对物理化学充满了畏惧感，没有办法学好物理化学。19岁的时候，陈省身考入清华大学读硕士。在清华时的陈省身，虽然对微分满是兴趣，却一直未曾入门。

后来，陈省身听了德国汉堡大学数学家W.布拉施克的"微分几何的拓扑问题"，决定去汉堡学习微分。虽然当时许多学生都选择去美国留学，但陈省身认为，要真正学习数学，就必须去德国。在他的坚持和前辈的帮助下，他最终去了德国学习数学。在汉堡，他接触了布拉施克、E.凯勒、E.嘉当等世界最伟大的数学家的课程。当时的他对于嘉当的魅力深有感触，一个人坚持把嘉当理论的讨论课上到了最后。

1936 年，陈省身公费期满的时候，接到了清华的聘约，但他决定去巴黎跟嘉当先生工作一年。这一年对于陈省身在数学上的研究发展来说，是具有决定性的一年。

之后，陈省身随西南联大南迁。在极其艰苦的条件下，他仍写出了两篇文章，发表在普林斯顿大学与高级研究所合办的刊物《数学纪事》上，得到了数学家 H. 外尔和 A. 韦伊的肯定，他们一致认为陈省身的研究工作，达到了优异的数学水准。并称陈省身是"迄今所注意到的最有前途的中国数学家"。

1943年，32岁的陈省身在美国普林斯顿高级研究所，完成了他一生中最重要的数学工作——关于高斯–博内公式的简单内蕴证明，这篇论文得到了极高的荣誉，被赞为数学史上划时代的论文。也因此，他后来被国际数学界尊称为"微分几何之父"。

陈省身不仅是一位伟大的数学家，他也是一位杰出的教育家。他培养了一大批数学精英，并把自己最出色的学生，如陈永川、张伟平召唤回国，回到他的母校，为中国数学的发展作出了极大的贡献。他坚定地认为，21世纪的中国，有充分的理由成为一个数学大国，因为中国人的数学才能是毋庸置疑的。而且数学是一门十分活跃的学问，很个性化，对于中国人非常合适。

知识延伸

微分几何学以光滑曲线（曲面）作为研究对象，所以整个微分几何学是由曲线的弧线长、曲线上一点的切线等概念展开的。既然微分几何是研究一般曲线和一般曲面的有关性质，则平面曲线在一点的曲率和空间的曲线在一点的曲率等，就是微分几何中重要的讨论内容，而要计算曲线或曲面上每一点的曲率就要用到微分的方法。

/作者简介/

　　曾小平，首都师范大学副教授，硕士生导师，北京市小学数学学科带头人与骨干教师培训授课教师；毕业于南京师范大学，获教育学博士学位，在《数学教育学报》《数学通讯》《中学数学教学参考》《小学教学》等期刊上发表研究论文近百篇，主编《小学数学课程与教学论》《小学数学研究》等教材 6 部。

策划编辑: 杨丽丽　　　　责任编辑: 张世昌

特约编辑: 尚论聪　　　　封面设计: 周　飞

彩虹糖童书馆
Rainbow Candy Kids' Book House